SONDERABDRUCK

aus dem

„Gesundheits-Ingenieur", Zeitschrift für die gesamte Städte-Hygiene

Jahrgang 1911, Nr. 44

Einfluſs von Heizkörperverkleidungen auf die Wärmeabgabe von Radiatoren

12. Mitteilung der Prüfungsanstalt

für Heizungs- und Lüftungseinrichtungen der Kgl. Technischen Hochschule
zu Berlin

Vorsteher: Professor Dr. techn. **K. Brabbée**

München und **Berlin**

Verlag von R. Oldenbourg

1911

Sonderabdruck aus dem ›Gesundheits-Ingenieur‹ 1911. Nr. 44.
rausgegeben von Geh. Reg.-Rat E. v. Boehmer, Grofs-Lichterfelde, West. Verlag von R. Oldenbourg, München und Berlin.

Einflufs von Heizkörperverkleidungen auf die Wärmeabgabe von Radiatoren.

12. Mitteilung der Prüfungsanstalt für Heizungs- und Lüftungseinrichtungen der Kgl. Techn. Hochschule zu Berlin.

Vorsteher: Professor Dr. techn. **K. Brabbée.**

A. Einleitung.

Es ist eine bekannte Tatsache, daß durch Verkleidung die Wärmeabgabe von Heizkörpern wesentlich beeinflußt wird. Bis heute kennen wir jedoch keine Methode, die die Größe dieses Einflusses rechnerisch bestimmen ließe, und auch praktische Versuche über die durch Verkleidungen verursachte Verminderung der Heizkörperleistung fehlen. Die hierdurch

Fig. 1.

bedingten Schwierigkeiten werden durch den Umstand verschärft, daß öfters bei Bestellung von Anlagen freistehende Heizkörper angenommen, diese bei Fertigstellung der Inneneinrichtung der Räume willkürlich verkleidet und hinsichtlich der Wirkung der Anlage, die ursprünglich garantierten Leistungen gefordert werden.

Zur Klärung der einschlägigen Fragen entschloß sich die Prüfungsanstalt zu umfangreichen Versuchen, die zunächst den Einfluß von Verkleidung bei Anwendung von Radia-

toren feststellen sollten. In erster Linie wurde versucht eine allgemein theoretische Lösung der Aufgabe herbeizuführen und zu diesem Zwecke die in Fig. 1 dargestellte Heizkörperverkleidung eingehend untersucht. Fig. 2 läßt das obere in 24 Felder geteilte Ausströmgitter erkennen und gibt zahlenmäßig die in jedem Feld gemessene Lufttemperatur und Geschwindigkeit an. Erstere wurde mit vor Strahlung sorgfältig geschützten Thermoelementen (s. Fig. 3), letztere mit Hilfe eines elektrisch einrückbaren, im Luftstrom von 800 mm Durchmesser geeichten Anemometers bestimmt.

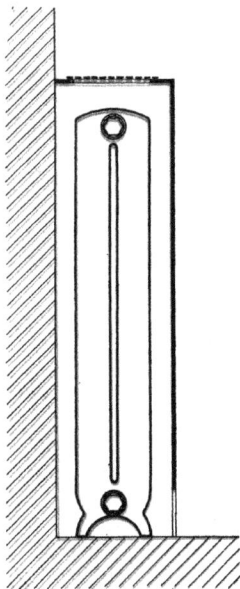

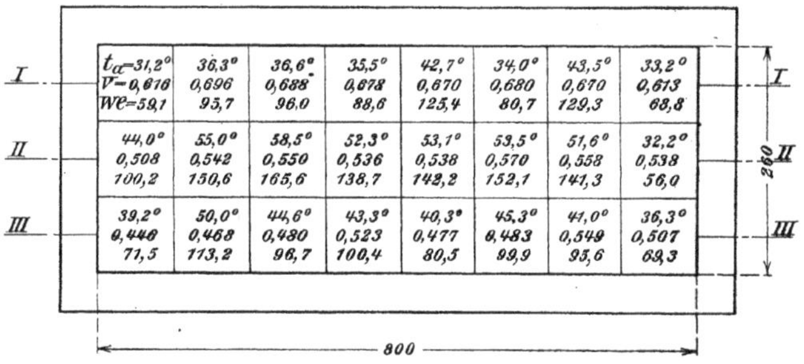

Fig. 2. Oberes Ausströmgitter.

Fig. 4 zeigt für die in Fig. 2 ersichtlichen drei Parallelschnitte I, II, III, die jeweilig nach der Gleichung

$$W = \frac{q \, v \, (t_a - t_e) \, 3600 \cdot 0{,}306}{(1 + a \, t_a)}$$

ermittelten Wärmeleistungen pro Feld.

Hierin bedeuten:

W die Wärmemenge pro Feld in WE/std.

q den Querschnitt eines Feldes in qm,

v Luftaustrittsgeschwindigkeit im Feld in m/sk,

t_e die Eintrittstemperatur der Luft in ^{0}C pro Feld,

t_a die Austrtstitemperatur der Luft in ^{0}C pro Feld.

Aus den Fig. 2 und 4 und den für die Wärmeabgabe von Heizflächen allgemein gültigen Gesetzen ergeben sich nachstehende Folgerungen:

1. Die den einzelnen Feldern zugehörigen Wärmeleistungen weisen derartige Verschiedenheiten auf, daß die Annahme der

1

zu einer einfachen Berechnung erforderlichen gleichmäßigen Luftförderung und -Erwärmung als willkürlich bezeichnet werden müßte.

2 Die einzelnen Endtemperaturen t_a bedingen so sehr verschieden Auftriebe, daß die tatsächlich wirksame Druckhöhe auch nicht annähernd bestimmt werden kann.

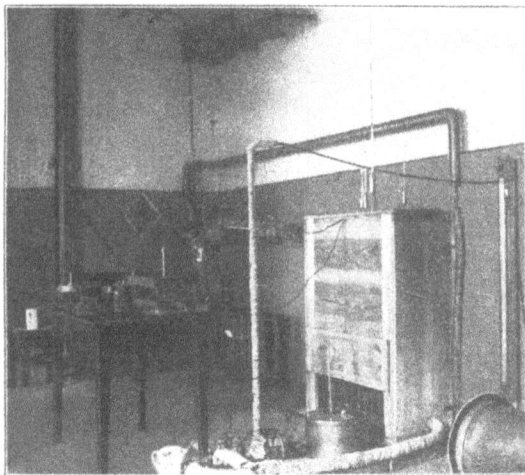

Fig. 3. Temperaturmessung mit Thermoelementen.

3 Der Widerstand der Luftbewegung ist je nach der Art der Verkleidung außerordentlich verschieden, so daß die Berücksichtigung desselben in Form eines allgemein gültigen Widerstandskoeffizienten ebenfalls eine willkürliche Annahme darstellen würde.

4 Die bei den verschiedenen Verkleidungen sich ändernden Luftgeschwindigkeiten verhindern die Annahme eines für alle Fälle anwendbaren konstanten Transmissionskoeffizienten.

5 Der für die Gesamtwärmeabgabe wesentliche Anteil der Strahlung[1] ist bei den einzelnen Verkleidungen derart verschieden, daß er für jede besonders berücksichtigt werden müßte.

Aus diesen Gründen sah sich die Anstalt gezwungen, die theoretische Behandlung des Stoffes aufzugeben und ihre Arbeit auf die praktische Untersuchung der gebräuchlichen Heizkörperverkleidungen zu beschränken.

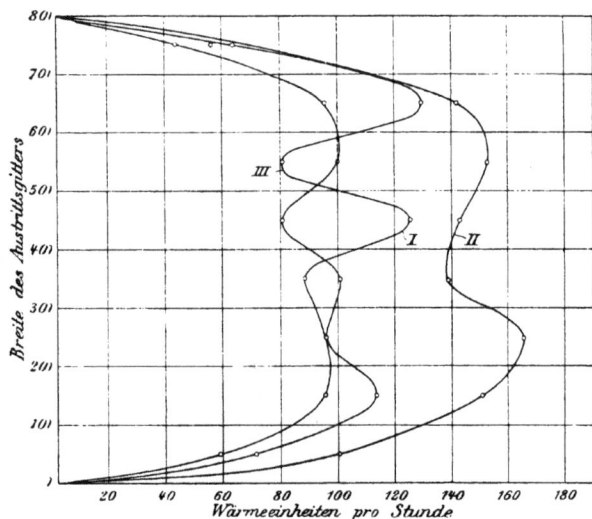

Fig. 4. Wärmeleistungen pro Feld.

---

[1]) Dr. Ing. W a m s l e r , Zeitschrift des Vereins Deutscher Ingenieure 1911.

B. Versuchsanordnung.

Die Versuchsanordnung (s. auch Fig. 5) ist sowohl für die Untersuchung von Niederdruckdampf- wie von Warmwasserheizkörpern ausführlich im Heft 1 der »Mitteilungen« der Prüfungsanstalt beschrieben. Der einzige Unterschied bestand darin, daß die Heizkörper mit den später genau beschriebenen

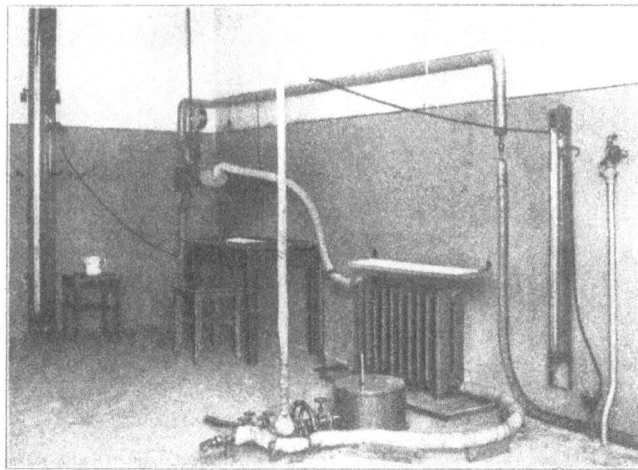

Fig. 5. Versuchsanordnung.

Verkleidungen versehen wurden, wobei von vornherein darauf Rücksicht genommen war, diese ohne viel Zeit- und Geldaufwand in möglichst einfacher Weise auswechseln zu können. Zu dem Behufe waren in die Wand des Versuchsraumes Dübbel eingelassen, und auf ihnen zwei Vertikalbohlen von 100 × 100 mm Querschnitt befestigt worden; an letztere wurden die Verkleidungen angeschraubt und in sich durch kleine Winkeleisen und Laschen versteift.

C. Versuche an Niederdruckdampf-heizkörpern.

Als Versuchsheizkörper wurden durchwegs glatte, normale Lollar-Radiatoren von 10 Elementen und somit von 800 mm Baubreite verwandt.

B e z e i c h n u n g e n : Radiator 1250^{II} . . . zweisäuliger Radiator von 1250 mm ganzer Höhe mit Fuß, Radiator 650^{III} . . . dreisäuliger Radiator von 650 mm ganzer Höhe mit Fuß, usw.

k Wärmedurchgangszahl (Transmissionskoeffizient), bestimmt für die unverkleidet, in 60 mm Entfernung von der Wand aufgestellten Heizkörper,

p Veränderung der Wärmeabgabe, bei Anwendung der Verkleidungen, ausgedrückt in Prozenten, bezogen auf k,

q freier Zirkulationsquerschnitt der zu den Verkleidungen benutzten Bleche, ausgedrückt in Prozenten der Gesamtfläche.

Unter Verwendung von Niederdruckdampf von 1,05 atm. abs. ergaben sich bei 20° Raumtemperatur die in Zahlentafel 1 zusammengestellten Werte von k.

Z a h l e n t a f e l 1.

Versuchs-Nr.	1	2	3	4
Radiator	1250^{II}	630^{II}	1270^{III}	650^{III}
k in WE/qm, 1°, 1 st. .	7,9	8,5	6,7	7,3

Die Wärmedurchgangszahl der dreisäuligen Radiatoren ist um rd. 15% geringer als die der entsprechenden zweisäuligen Heizkörper. Der Einfluß der Heizkörperhöhe beträgt für zwei und dreisäulige Radiatoren rd. 8%.

Da ein Ausgleich der gefundenen Werte auf einen gemeinschaftlichen Koeffizienten die späteren Versuchsergebnisse verwischt hätte und wegen der großen Unterschiede auch sonst nicht rätlich schien, wurde davon abgesehen.

I. Vorversuche.

1. Einfluß des Abstandes der Radiatoren von Vor- und Rückwand der Verkleidung.

a) Radiator 1250[II]; Verkleidung nach Fig. 6.

Lufteintritt $a = 800 \times 130$ mm/mm frei.

Luftaustritt $b = 800 \times 260$ mm/mm vergittert; das Blech wies einen Wert $q = 64\%$ auf.

Die Breite beider Ausschnitte entsprach sonach genau der Heizkörperbreite.

Zahlentafel 2.

Versuchs-Nr.	5	6	7
Abstand von der Vorderwand v in mm . . .	30	60	100
Abstand von der Rückwand r in mm . . .	30	60	60
p in %	— 8,7	— 8,0	— 9,2

Zahlentafel 2 zeigt als günstigsten Heizkörperabstand 60 mm von Vor- und Rückwand. Geringere und größere Abstände führen eine Verminderung der Wärmeabgabe herbei. Versuch 5 zeigt den Einfluß der infolge des verringerten Querschnittes zunehmenden Luftreibung, Versuch 7 die Verschlechterung der Wärmeabgabe durch die infolge des vergrößerten Querschnittes auftretende geringere Luftgeschwindigkeit[1]).

b) Radiator 630[II]; freie Aufstellung an einer Außenwand.

Zahlentafel 3.

Versuchs Nr.	8	9
Abstand von der Wand in mm	60	150
p in %	0	— 3,5

Versuch 9 zeigt in gleicher Weise den schädlichen Einfluß zu großen Wandabstandes.

2. Einfluß der Fußhöhe der Radiatoren.

Zahlentafel 4.

Radiator 1250[II]; Verkleidung nach Fig. 6, jedoch mit entsprechender Erhöhung der Deckplatte.

Versuchs-Nr.	10	11	12
Lufteintritt i. d. Vorderwand mm/mm	800 × 50 frei	800 × 300 vergittert $q = 44\%$	800 × 300 frei
Luftaustritt i. d. Abdeckung mm/mm	800 × 260 vergittert $q = 44\%$	800 × 300 vergittert $q = 44\%$	800 × 260 vergittert $q = 64\%$
Fußhöhe 60 mm, p in %	— 11,0	— 9,0	— 9,0
Fußhöhe 120 mm, p in %	— 15,2	— 11,7	— 9,8

Aus Zahlentafel 4 ergibt sich ein schädlicher Einfluß vergrößerter Fußhöhe. Unter Berücksichtigung obiger Er-

[1]) Wie in Heft 3 der »Mitteilungen« nachgewiesen ist, fällt die Wärmeabgabe der Radiatoren außerordentlich mit abnehmender Luftgeschwindigkeit.

gebnisse wurden alle weiteren Untersuchungen an Radiatoren normaler Fußhöhe durchgeführt.

3. Wirkung von Verkleidungen verschiedener Höhe ohne Abdeckung.

Zahlentafel 5.

Radiator 1250[II]; Verkleidung nach Fig. 7.

Versuchs-Nr.	13	14	15	16
Höhe der Verkleidung .		1330 mm		1800 mm
Lufteintritt frei, Schlitzhöhe b in mm . . .	170	230	300	300
p in %	+ 2,2	+ 6,3	+ 12,5	— 13,0

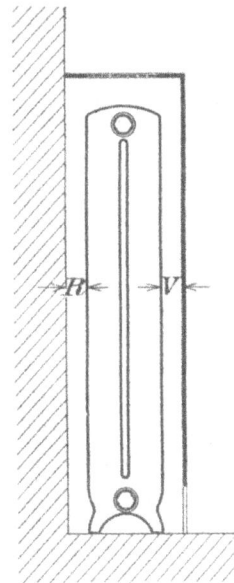
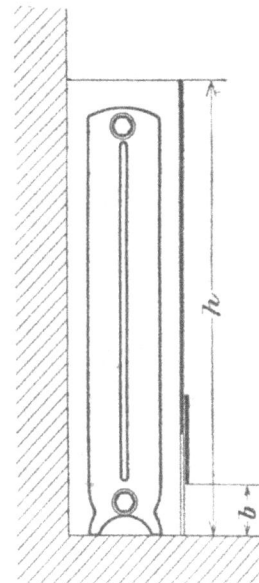

Fig. 6.   Fig. 7.

Aus Zahlentafel 5 folgt: Verkleidungen ohne Behinderung der Luftabströmung, also ohne Abdeckplatten, erhöhen bei entsprechendem Querschnitt für den Lufteintritt, die Wärmeabgabe bedeutend. Alle Versuche zeigen die günstige Wirkung der zwangläufigen Führung der Luft und die durch die vergrößerte Luftgeschwindigkeit gesteigerte Wärmedurchgangszahl. Die Versuche 13 und 14 lassen den wesentlichen Einfluß der Größe der Eintrittsquerschnitte, die Versuche 15 und 16 die unwesentliche Wirkung der auf 1800 mm vergrößerten Verkleidungshöhe erkennen.

4. Einfluß verschiedener Gitterformen.

Es wurden die in den Fig. 8, 9 und 10 dargestellten Gitterformen untersucht.

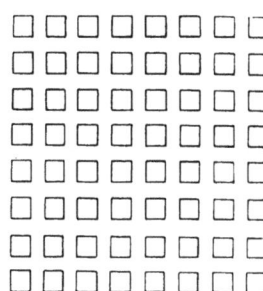
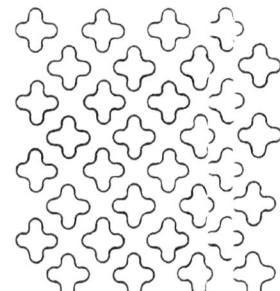

Fig. 8.   Fig. 9.

a) Verschiedene Gitterformen in der Luftaustrittsöffnung.

Zahlentafel 6.

Radiator 1250[II]; Verkleidung nach Fig. 11.

Versuchs-Nr.	18	19	20
Lufteintritt frei	800 × 300	800 × 300	800 × 300
Luftaustritt vergittert, q in %	800 × 300 44; Fig 8	800 × 300 48,7; Fig. 9	800 × 300 64,3; Fig. 10
p in %	— 1,0	— 2,2	— 1,6

Fig 10.

b) Verschiedene Gitterformen in der Lufteintrittsöffnung.

Zahlentafel 7.

Radiator 1250[II]; Verkleidung nach Fig. 11.

Versuchs-Nr.	21	22	23
Lufteintritt vergittert, q in %	800 × 300 64,3	800 × 300 48,7	800 × 300 44
Luftaustritt vergittert, q in %	800 × 300 44	800 × 300 44	800 × 300 44
p in %	— 9,0	— 9,0	— 9,0

Die Zahlentafeln 6 und 7 zeigen, daß der Einfluß der Gitterform vernachlässigt werden kann. Aus Versuch 18 bis 20 könnte der irrige Schluß gezogen werden, daß durch Anwendung der Gitter im Luftaustritt die Wärmeabgabe der Radiatoren nur wenig beeinflußt wird. Dem ist aber nicht so, denn die in Zahlentafel 5 enthaltenen gleichartigen Versuche ohne Abdeckung weisen eine Zunahme der Wärmeleistung um rd. 12% auf, so daß auch hier der bedeutende hemmende Einfluß des Gitters in der Abdeckung zu erkennen ist.

II. Hauptversuche.

1. Lateibretter nach Fig. 12.

a) Einfluß der Tiefe der Abdeckung b und ihres Abstandes a von der Heizkörperoberkante.

Zahlentafel 8.

Radiator 1250[II]; Verkleidung nach Fig. 12.

Versuchs-Nr.	24	25	26	27	28	29	30	31
b in mm .	170				350			
a in mm .	10	40	80	100	10	40	80	100
p in % . .	— 4,5	— 2,5	0	0	— 7,0	— 5,0	— 3,5	— 2,0

Aus Zahlentafel 8 folgt: Schmale, etwa bis zur Grundrißmittelachse des Heizkörpers reichende Lateibretter sind bei

einem Abstand von mehr als 80 mm ohne Einfluß, während breite, den ganzen Heizkörper übergreifende Lateibretter auch in dieser Entfernung einen nicht mehr zu vernachlässigenden Einfluß ausüben. Bei Anwendung eines Mindestabstandes des Brettes von 40 mm, der schon aus Gründen der Reinigung keinesfalls unterschritten werden sollte, kann mit einer Verminderung der Wärmeabgabe um 5% gerechnet werden.

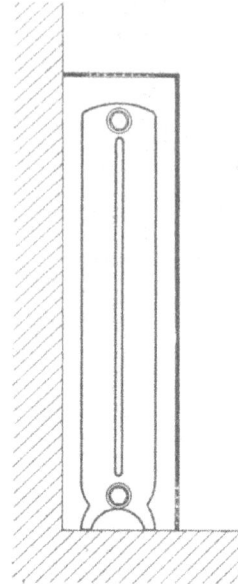 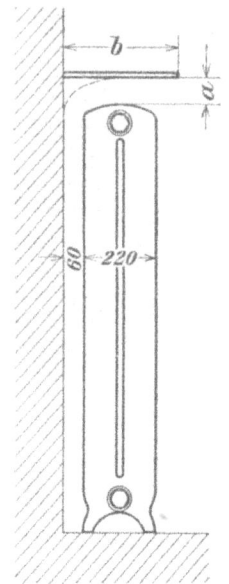

Fig. 11.　　　　Fig. 12.

Zahlentafel 9.

Radiator 630[II]; $b = 170$ bis 350 mm.

Versuchs-Nr.	32	33	34	35	36
a in mm . .	10	40	80	120	180
p in % . .	— 8,5	— 6,5	— 5,0	— 4,0	— 3,5

Zahlentafel 9 zeigt, daß der Einfluß des Lateibrettes, dessen Tiefe hier vernachlässigt werden kann, noch schärfer, wie bei den hohen Heizkörpern hervortritt. Bei niedrigen Heizkörpern sollte ein Abstand von 80 mm nicht unterschritten werden und es ist für diesen eine Verminderung der Wärmeabgabe von rd. 5% anzunehmen.

b) Einfluß von Luftleitblechen.

Zahlentafel 10.

Radiator 1250[II] und 630[II]; Verkleidung nach Fig. 12 mit Leitblechen. Tiefe der Abdeckung $b = 350$ mm.

Versuchs-Nr.	37	38	39	40
Radiator	1250[II]		630[II]	
a in mm	40	80	40	80
p in % { ohne Leitblech	— 5,0	— 3,5	— 6,5	— 5,0
mit Leitblech	— 6,5	— 4,5	— 5,0	— 4,0

Aus Zahlentafel 10 ergibt sich: Der Einfluß der Leitbleche liegt innerhalb der Fehlergrenzen der Versuche und kann somit vernachlässigt werden. Ihre Wirkung ist deshalb so gering, weil sich bei Fehlen des Luftleitbleches an Stelle desselben ein ruhendes Luftpolster ausbildet, das das Leitblech teilweise ersetzt.

c) Versuche mit durchbrochenen Lateibrettern.

Zahlentafel 11.

Radiator 1250^{II}; Verkleidung nach Fig. 12, jedoch die Abdeckung unter Anwendung verschiedener Gitter durchbrochen. Tiefe der Abdeckung $b = 350$ mm, Abstand von Heizkörperoberkante $a = 80$ mm.

Versuchs-Nr.	41	42
Luftaustritt in der Abdeckung vergittert, q in %	800 × 220 48	800 × 220 64
p in %	0	0

Nach Zahlentafel 11 sind durchbrochene und vergitterte Lateibretter auf die Wärmeabgabe der Heizkörper ohne Einfluß.

2. Offene Nischen nach Fig. 13.

Der Heizkörper steht bis zu seiner Vorderkante in der Nische.

a) Einfluß des Abstandes r von der Rückwand.

Zahlentafel 12.

Radiator 630^{II}; Verkleidung nach Fig. 13, Abstand von Heizkörperoberkante $a = 100$ mm.

Versuchs-Nr.	43	44
r in mm .	60	120
p in % . .	— 6,0	— 11,0

Zahlentafel 12 bestätigt den bereits früher erwähnten schädlichen Einfluß zu großer Abstände von der Rückwand.

b) Einfluß des Höhenabstandes a.

Zahlentafel 13.

Radiator 1250^{II}; Verkleidung nach Fig. 13 $r = 60$ mm.

Versuchs-Nr.	45	46	47
a in mm .	100	80	40
p in % . .	— 6,0	— 7,3	— 11,0

Aus Zahlentafel 13 folgt: Der Einfluß des Höhenabstandes ist bedeutend und sollte in Übereinstimmung mit den Ergebnissen der Zahlentafel 9 nicht weniger als 80 mm betragen. Bei Einhaltung dieses Abstandes ist mit einer Verminderung der Wärmeabgabe um 8% zu rechnen.

c) Einfluß der Seitenabstände.

Zahlentafel 14.

Radiator 1250^{II}; Verkleidung nach Fig. 13 $r = 60$ mm, $a = 40$ mm.

Versuchs-Nr.	48	49
s in mm . .	80	25
p in % . .	— 11,0	— 11,0

Nach Zahlentafel 14 ist der Einfluß des Abstandes der Seitenwände zu vernachlässigen.

3. Verkleidungen mit Lufteintritt in der Vorderwand und Luftaustritt in der Abdeckung nach Fig. 14.

a) Größe des vergitterten Austrittsquerschnittes.

Zahlentafel 15.

Radiator 1250^{II}; Verkleidung nach Fig. 14.

Versuchs-Nr.	50	51	52	53	54	55
Lufteintritt frei, mm/mm	800×50	800×50	800×50	800×50	800×50	800×50
Luftaustritt vergittert, mm/mm, $q = 44$ %	800×260	800×220	800×180	800×150	800×125	800×100
p in % .	— 12,2	— 13,4	— 19,2	— 25,1	— 30,5	— 34,3

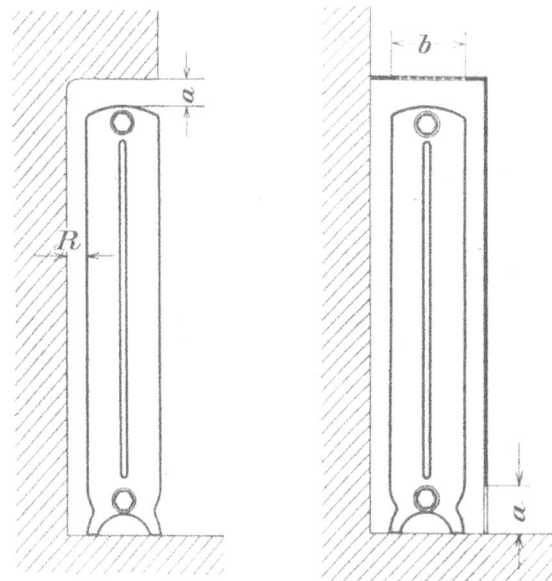

Fig. 14.

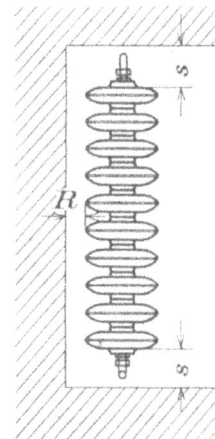

Fig. 13.

Zahlentafel 15 zeigt, daß die Verringerung der Austrittstiefe von 260 mm auf die Heizkörpertiefe von 220 mm keinen wesentlichen Einfluß ausübt. Ein Herabgehen unter diese Tiefe, die durchwegs leicht innegehalten werden kann, bringt aber, wie die Versuche 52 bis 55 sehr deutlich beweisen eine außerordentliche Verschlechterung der Wärmeabgabe mit sich.

b) Größe des freien Eintrittsquerschnitts.

α) Hohe Radiatoren; Verkleidung nach Fig. 14.

Zahlentafel 16.

Versuchs-Nr.	56	57	58	59	60
Radiatoren	1250 II			1270 III	
Lufteintritt frei, mm/mm . .	800 × 50	800 × 80	800 × 130	800 × 50	800 × 100
Luftaustritt vergittert, mm/mm	800 × 260	800 × 260	800 × 260	800 × 230	800 × 230
q in % . .	44	44	44	44	44
p in % . . .	— 12,2	— 10,5	— 9,0	— 22,0	— 14,0

Vergegenwärtigt man sich zu diesen Versuchen das Aussehen der bezüglichen Verkleidungen so erscheint es zweckmäßig, eine Verminderung der Wärmeabgabe etwa um 10% zuzulassen. Unter dieser Annahme wird man für zweisäulige Radiatoren 100 mm, für dreisäulige Radiatoren 125 mm als geringste freie untere Schlitzhöhe anzunehmen haben.

β) Niedrige Radiatoren; Verkleidung nach Fig. 14.

Zahlentafel 17.

Versuchs-Nr.	61	62	63	64
Radiatoren	630 II		650 III	
Lufteintritt frei, mm/mm . . .	800 × 50	800 × 100	800 × 50	800 × 100
Luftaustritt vergittert, mm/mm,	800 × 220	800 × 220	800 × 230	800 × 230
q in % . . .	44	44	44	44
p in %	— 27,0	— 13,0	— 21,0	— 11,5

Aus Zahlentafel 17 folgt: Niedrige zweisäulige Heizkörper erweisen sich hinsichtlich des Einflusses derartiger Verkleidungen bedeutend ungünstiger als hohe. Besonders zu bemerken ist, daß die heute durchaus nicht selten anzutreffende Verkleidung mit 50 mm freiem unteren Lufteintritt **eine Verminderung der Wärmeabgabe um rd. 25 % herbeiführt.** Da man mit Rücksicht auf das Aussehen der Verkleidung auch hier eine Verminderung der Wärmeleistung um 10% für zulässig erachten dürfte, so wäre unter dieser Annahme für zwei- und dreisäulige Radiatoren die untere freie Schlitzhöhe mit 125 mm anzunehmen.

c) Größe des vergitterten Eintrittsquerschnittes.

α) Hohe Radiatoren; Verkleidungen nach Fig. 14.

(Siehe Zahlentafel 18.)

Zahlentafel 18.

Versuchs-Nr.	65	66	67	68	69
Radiatoren	1250 II			1270 III	
Lufteintritt vergittert, mm/mm	800 × 150	800 × 200	800 × 300	800 × 130	800 × 200
q in % . . .	44	44	44	44	44
Luftaustritt vergittert, mm/mm	800 × 300	800 × 300	800 × 300	800 × 230	800 × 230
q in % . . .	44	44	44	44	44
p in % . . .	— 12,0	— 10,5	— 9,0	— 17,0	— 12,0

Auch hier erscheint es mit Rücksicht auf das Aussehen der Verkleidung zweckmäßig, eine Verminderung der Wärmeleistung der Heizkörper von mindestens 10% anzunehmen. Unter dieser Voraussetzung wäre die untere Schlitzhöhe für zweisäulige Radiatoren zu 200, für dreisäulige zu 225 mm zu wählen.

β) Niedrige Radiatoren; Verkleidung nach Fig. 14.

Zahlentafel 19.

Radiator 630 II.

Versuchs-Nr.	70
Lufteintritt vergittert, mm/mm, q in % . . .	800 × 130 44
Luftaustritt vergittert, mm/mm, q in % . . .	800 × 220 44
p in %	-- 26,5

Zahlentafel 19 läßt erkennen: Die gewählte Schlitzhöhe von 130 mm, die bei so niedrigen Radiatoren mit Rücksicht auf das Aussehen der Verkleidung schon als Höchstmaß bezeichnet werden dürfte, führt eine Verminderung der Wärmeabgabe um rd. 25% herbei. Auch hier zeigt sich der niedrige Heizkörper wesentlich ungünstiger als der hohe, und die Unzweckmäßigkeit derartiger Ausführungen tritt scharf hervor. Aus diesem Grunde wurde auch der dreisäulige Radiator für diesen Fall nicht weiter untersucht.

4. Verkleidungen mit Luftein- und -austritt in der Vorderwand nach Fig. 15.

Entfernung der Abdeckung von der Heizkörperoberkante 60 mm.

a) Ein- und Austrittsöffnung frei.

α) Hohe Radiatoren; Verkleidung nach Fig. 15.

(Siehe Zahlentafel 20.)

Zahlentafel 20.

Versuchs-Nr.	71	72	73	74	75	76	77
Radiatoren	1250 II					1270 III	
Luftein- u. Austritt frei, mm/mm	800 × 50	800 × 130	800 × 240	800 × 300	800 × 350	800 × 50	800 × 130
p in % { ohne Leitblech . .	— 23,5	— 17,5	— 13,0	— 10,5	— 4,0	— 25,0	— 19,3
{ mit Leitblech . . .	— 22,0	— 15,5	— 7,5	— 4,7	— 0,3	—	—

Zahlentafel 20 läßt — was auch selbstverständlich ist — erkennen, daß diese Art der Verkleidung wesentlich ungünstigere Ergebnisse liefert, wie die mit Luftaustritt in der Deckplatte nach Fig. 12.

Interessant ist die Wirkung der Leitbleche, deren Anwendung bei kleinen Querschnitten eine Verbesserung der Wärmeabgabe nur um 2%[1], bei größeren eine solche um 5%[1] mit sich bringt. Da es für praktische Fälle kaum möglich sein dürfte, freie Schlitzhöhen von mehr als 130 mm zu verwenden, so wird man für zwei- und dreisäulige hohe Radiatoren mit einer Verringerung der Heizkörperleistung um rd. 20% rechnen müssen.

β) Niedrige Radiatoren; Verkleidung nach Fig. 15.

Zahlentafel 21.

Versuchs-Nr.	78	79	80	81
Radiatoren	630 II		650 III	
Luftein- u. Austritt frei, mm/mm .	800 × 50	800 × 100	800 × 50	800 × 100
p in % (ohne Leitblech)	— 39,0	— 22,0	— 32,0	— 16,0

Die Versuche Nr. 78 und 81 beweisen, daß die in der Praxis nicht selten angetroffenen Verkleidungen mit oberen und unteren Schlitzbreiten von je 50 mm eine **Verminderung der Wärmeleistung um 39 bzw. 32%** hervorrufen; Werte, die man nicht für möglich halten würde, wenn sie nicht durch vierfache Versuchsreihen gedeckt und sicher nachgewiesen wären. Nimmt man auch für niedrige Radiatoren als größte anwendbare Schlitzhöhe 130 mm an, so wird man für zweisäulige Radiatoren mit einer Verminderung der Leistung um rd. 20%, für dreisäulige mit einer solchen von rd. 15% zu rechnen haben. Leitbleche verbessern die Wärmeleistung um rd. 2%.

b) Ein- und Austritt vergittert.

α) Hohe Radiatoren; Verkleidung nach Fig. 15.

Zahlentafel 22.

Versuchs-Nr.	82	83	84	85	86
Radiatoren	1250 II			1270 III	
Luftein- u. Austritt vergittert, mm/mm, q in %	800×130 44	800×240 44	800×350 44	800×150 44	800×240 44
p in % { o. Leitbl.	— 21,0	— 15,5	— 7,0	— 25,0	— 18,0
{ m. Leitbl.	— 18,0	— 13,0	— 5,0	—	—

Auch die Zahlentafel 22 zeigt die wesentlich ungünstigere Wirkung der Verkleidung nach Fig. 15, gegen jene nach Fig. 14. Bei zweisäuligen Radiatoren und einer Schlitzhöhe von 200 mm, und bei dreisäuligen einer solchen von 225 mm wird mit einer Verminderung der Leistung um 20% gerechnet werden müssen. Vergegenwärtigt man sich das Aussehen einer solchen Verkleidung und berücksichtigt gleichzeitig ihre schädliche Wirkung, so wird man am besten von ihrer Ausführung absehen. Auch Leitbleche können hieran nichts wesentliches ändern.

β) Niedrige Radiatoren; Verkleidung nach Fig. 15.

Zahlentafel 23.

Versuchs-Nr.	87	88
Radiatoren	630 II	650 III
Luftein- u. Austritt vergittert, mm/mm q in %	800 × 150 44	800 × 150 44
p in % (ohne Leitblech)	— 33,0	— 24,0

[1] Bezogen auf k.

Aus den Versuchen 87 und 88 ergibt sich: Bei oberen und unteren Schlitzhöhen von 150 mm tritt eine Verminderung der Wärmeleistung **von 33 bzw. 24% ein**. Da überdies derartig große Schlitzhöhen für so niedrige Heizkörper kaum anwendbar sind, wären solche Anordnungen aufzugeben.

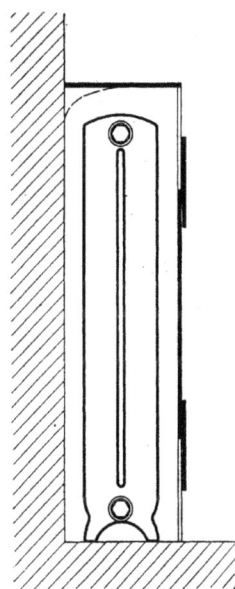 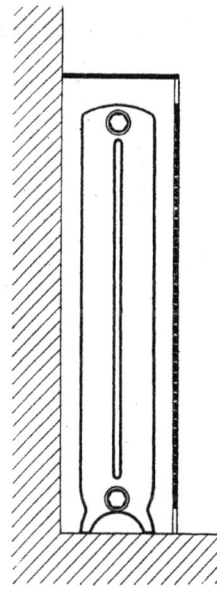

Fig. 15.   Fig. 16.

5. Verkleidungen mit Vorderwand aus perforiertem Blech nach Fig. 16 bzw. 17.

Entfernung der Abdeckung von Heizkörperoberkante 60 mm.

a) Hohe Heizkörper; Verkleidung nach Fig. 16 mit 70 mm hohen Schlitzen oben und unten.

Zahlentafel 24.

Versuchs-Nr.	89	90
Radiatoren	1250 II	1720 III
p in % . .	— 19,5	— 20,0

b) Niedrige Heizkörper; Verkleidung nach Fig. 17 ohne Schlitze.

Zahlentafel 25.

Versuchs-Nr.	91	92
Radiatoren	630 II	650 III
p in % . .	— 18,5	— 19,7

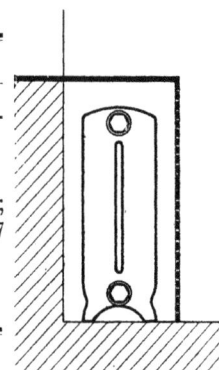

Fig. 17.

Aus Zahlentafel 24 und 25 folgt: Bei Heizkörperverkleidungen mit Vorderwand aus perforiertem Blech ist für zwei- und dreisäulige, hohe und niedrige Radiatoren mit einer **Verminderung der Wärmeabgabe um 20% zu rechnen.**

6. Verkleidungen mit Vorderwand aus Gehängen nach Fig. 18, 19, 20 und 21.

Entfernung der Abdeckung von Heizkörperoberkante 60 mm.

a) Einfluß des Abstandes a der Gehänge vom Boden.

2*

Zahlentafel 26.

Radiator 1250^{II}.

Versuchs-Nr.	93	94	95	96
Luftaustritt in der Abdeckung, mm/mm	800 × 220	800 × 220	Abdeckung geschlossen	
q in %	44	44		
a in mm	50	120	50	120
p in %	— 6,0	— 4,5	— 15,5	— 15,0

Aus Zahlentafel 26 folgt, daß der Bodenabstand des Gehänges, falls er zwischen etwa 50 und 100 mm beträgt, von unwesentlicher Wirkung auf die Wärmeabgabe des Heizkörpers ist.

Fig. 18.

Fig. 19.

b) Einfluß des Materials und der Form der Gehänge.

Es wurden zwei Arten von Gehängen verwandt; mattes Eisengehänge nach Fig. 18 und 20 und hochglanzpoliertes Messinggehänge nach Fig. 19 und 21.

Zahlentafel 27.

Radiator 1250^{II}, Abdeckung geschlossen, Abstand des Gehänges vom Boden $a = 50$ mm, Abstand der einzelnen Ketten voneinander $b = 10$ mm.

Versuchs-Nr.	97	98
Art des Gehänges . .	Eisen n. Fig. 19 u. 21	Messing n. Fig. 20 u. 22
p in % . .	— 16,5	— 15,5

Zahlentafel 27 zeigt, daß der Einfluß des Materiales und der Form der Gehänge innerhalb der untersuchten Grenzen vernachlässigt werden darf.

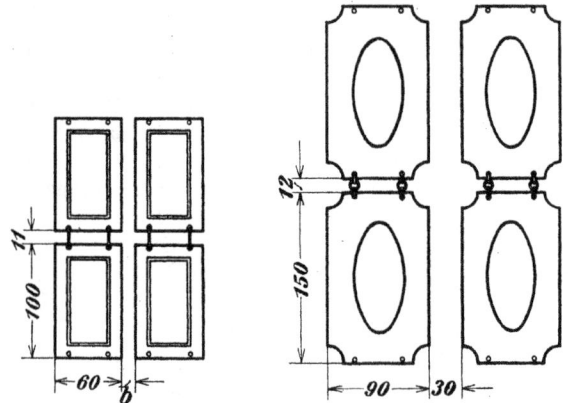

Fig. 20.   Fig. 21.

c) Hohe Heizkörper. (Einfluß des Abstandes b der einzelnen Ketten voneinander).

Zahlentafel 28.

Versuchs-Nr.	99	100	101	102	·103
Radiatoren	1250^{II}				1270^{III}
Abstand der Ketten voneinander b mm .	Luftaustritt i. d. Abdeckung 800 × 200 mm/mm, $q = 44$ %		Abdeckung geschlossen		
	15	10	15	10	15
p in % { o. Leitbl.	— 8,5	— 15,0	— 15,0	— 20,5	— 16,0
{ m. Leitbl.	—	—	—	— 16,5	—

Aus Zahlentafel 28 folgt: Die Verringerung des Kettenabstandes um 5 mm vermindert die Wärmeabgabe um rd. 5%. Durch Anwendung eines Leitbleches kann die Wärmeleistung der Heizkörper um denselben Prozentsatz gebessert werden.

Bei Gehängen ist für hohe Heizkörper und zwar für zwei- und dreisäulige Radiatoren, einem Kettenabstand von 15 mm und Luftaustritt in der Abdeckung mit einer Verminderung der Wärmeabgabe um 10%, bei geschlossener Abdeckung und Anwendung von Leitblechen mit einer Verminderung der Wärmeabgabe um 10%, bei geschlossener Abdeckung und ohne Leitblech mit einer Verminderung der Wärmeabgabe um 15% zu rechnen. Bei einem Kettenabstand von nur 10 mm verschlechtert sich die Wärmeabgabe um weitere 5%.

d) **Niedrige Heizkörper.** Abstand der einzelnen Ketten voneinander $b = 15$ mm, Bodenabstand $a =$ zwischen 15 und 60 mm.

Zahlentafel 29.

Abdeckung geschlossen.

Versuchs-Nr.	104	105	106
Radiatoren	630II	650III	650III u. Leitblech
p in % ..	— 37,0	— 31,0	— 26,8

Es sei hier auf folgendes besonders hingewiesen: Der Vergleich der Zahlentafel 24 und 28 läßt erkennen, daß bei hohen Heizkörpern die Gehänge besser bzw. gleichwertig den perforierten Blechen sind. Der Vergleich der Zahlentafel 25 und 29 aber zeigt für niedrige Heizkörper die Gehänge wesentlich ungünstiger, wie die perforierten Bleche. Um eventuell Zweifel an der Richtigkeit dieser Beobachtung auszuschließen, wurden die Versuche 92 und 105 wiederholt, die wie Zahlentafel 30 beweist, das frühere Ergebnis bestätigen.

Zahlentafel 30.

Radiator 650III.

Versuchs-Nr.	92	92 a	105	105 a
p in % ..	— 19,7	— 20,0	— 31,0	— 33,0

Aus Zahlentafel 29 und 30 läßt sich folgern: Die Anwendung von Kettengehängen bei niedrigen Heizkörpern und geschlossener Abdeckung erscheint selbst bei einem Kettenabstand von 15 mm und Anwendung von Leitblechen äußerst unzweckmäßig. Die Verhältnisse werden aber wesentlich günstiger, wenn die Abdeckung der Heizkörper durchbrochen wird, in welchem Falle dann, wie Zahlentafel 31 zeigt, eine Verminderung der Wärmeleistung nur um 10% eintritt.

Zahlentafel 31.

Radiator 650III; Abstand der Ketten voneinander 15 mm, Bodenabstand der Gehänge 60 mm.

Versuchs Nr.	107
Luftaustritt in der Abdeckung, mm/mm	800 × 230
q in %	44
p in %	— 10,6

e) **Einfluß einer oberen freien Schlitzhöhe nach Fig. 22.**

Zahlentafel 32.

Radiator 1250II.

Versuchs Nr.	108
Abstand d. Ketten voneinander b mm . .	15
p in % ohne Leitblech	— 17,0

Der Vergleich des Versuchs 108 mit dem Versuch 101 zeigt, daß der freie obere Schlitz wohl eine Verbesserung der Wärmewirkung mit sich bringt, daß diese aber nur 2% beträgt. Der Vergleich des Versuchs 108 mit dem Versuch 72 beweist, daß die Gehänge einer vollen Holzwand nahezu gleichwertig sind..

7. Verkleidungen für Radiatoren in Fensternischen mit zwangläufiger Führung der Luft nach Fig. 23 und 24.

Zahlentafel 33.

Radiator 630II; Luftein- und austritt vergittert, $q = 44$%.

Versuchs-Nr.	109	110	111	112
a in mm \} siehe	70	100	150	200
b in mm \} Fig 24	350	380	430	480
p in %	— 34,7	— 27,0	— 14,0	— 10,0

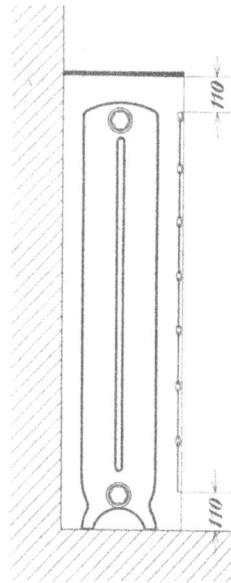
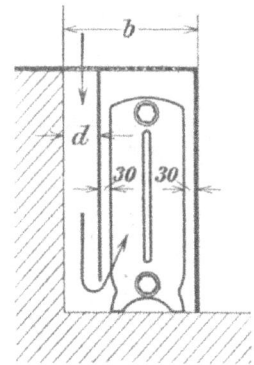

Fig. 22.   Fig. 23.

Da die Verkleidung in Fensternischen nicht weit vorbauen dürfen, so werden sie in der Praxis oft mit geringen Wandabständen a ausgeführt. Für diesen Fall aber beträgt, wie die Versuche 109 und 110 beweisen, die Verminderung der Wärmeleistung rd. 25%. Erst bei Verkleidungen, die nahezu 0,5 m in den Raum vorbauen, läßt sich der Prozentsatz auf 10 herabdrücken. Steht also nicht genügend Platz für den Ausbau der Verkleidung zur Verfügung, so erscheint die in Fig. 24 und 25 gekennzeichnete Ausführung äußerst unzweckmäßig.

Fig. 24.

D. Versuche an Warmwasserheizkörpern.

Zunächst wurde die Wärmedurchgangszahl k der unverkleideten, 60 mm vor der Wand aufgestellten Radiatoren untersucht. Die Vorlauftemperatur betrug rd. 80, die Rücklauftemperatur rd. 60, die Raumtemperatur rd. 20°.

Zahlentafel 34.

Versuchs-Nr.	113	114	115	116
Radiatoren	1250^{II}	1270^{III}	630^{II}	650^{III}
k in WE/1 qm, 1° C, 1 st.	6,3	5,6	7,0	6,2

Aus den Versuchen 113 bis 116 ergibt sich: Die Wärmedurchgangszahl der dreisäuligen Radiatoren ist um rd. 10% geringer, als die der entsprechenden zweisäuligen Heizkörper. Der Einfluß der Heizkörperhöhe beträgt rd. 10%. Da der Ausgleich der gefundenen Werte auf einen gemeinschaftlichen Transmissionskoeffizienten die Versuchsergebnisse verwischt hätte, wurde davon Abstand genommen.

Die Versuche 85 und 163, 103 und 164, 64 und 165, 92 und 166 beweisen, daß die für die Wirkung von Verkleidungen unter Verwendung von Lollarmodellen gefundenen Werte ohne weiteres für ähnliche Heizkörper mit ähnlichen Verkleidungen angewandt werden können.

F. Zusammenstellung.

Bei Anwendung der heute üblichen Heizkörperverkleidungen wird — falls deren Abmessungen nicht unzweckmäßig gesteigert werden — mit einer Verminderung der Wärmeleistung der Heizkörper gerechnet werden müssen.

Zahlentafel 35.

Versuchs-Nr.	117, 118	119, 120	121, 122	123—126	127, 128	129—136	137, 138	139—144	145—148	149—152	153—156	157—160
Art der Verkleidung	Lufteintritt in der Vorderwand, Austritt in der Abdeckung nach Fig. 14				Luftein- und austritt i. d. Vorderwand nach Fig. 15				Vorderwand aus perforiertem Blech. Fig. 16.	Vorderwand aus perforiertem Blech. Fig. 17.	Messinggehänge, Fig. 22. Abdeckung geschlossen.	Eisengehänge, Fig. 21. Abdeckung geschlossen.
Lufteintritt mm/mm	800×300 frei	800×150 frei	800×200 frei	800×130 = 44%	800×130 q = 44%	800×50 frei	800×130 frei	800×150 q × 44%				
Luftaustritt mm/mm	800×260 q = 55%	800×260 q = 44%	800×220 q = 44%	800×220 q = 44%	800×130 q = 44%	800×50 frei	800×130 frei	800×150 q = 44%				
1250^{II} Dampf	— 2,2	— 11,0	—	—	— 21,0	— 28,7	— 17,5	—	— 18,5	—	— 15,5	—
1250^{II} Wasser	— 2,0	— 13,0	—	—	— 20,0	— 25,5	— 16,5	—	— 16,0	—	— 14,0	—
1270^{III} Dampf	—	—	—	— 17,0	—	— 34,0	—	— 22,5	— 14,6	—	— 16,6	—
1270^{III} Wasser	—	—	—	— 18,6	—	— 32,0	—	— 22,0	— 16,6	—	— 18,0	—
630^{II} Dampf	—	—	— 4,5	—	—	— 35,0	—	— 40,0	—	— 18,5	—	— 37,0
630^{II} Wasser	—	—	— 3,2	—	—	— 38,0	—	— 41,0	—	— 16,4	—	— 40,0
650^{III} Dampf	—	—	—	— 15,2	—	— 34,0	—	— 24,0	—	— 19,7	—	— 36,6
650^{III} Wasser	—	—	—	— 17,5	—	— 34,0	—	— 28,0	—	— 19,0	—	— 40,0

(p in % u. zwar für Radiatoren)

Die in der Zahlentafel 35 zusammengestellten rd. 50 Versuche beweisen, daß die für die Verkleidung von Dampfheizkörpern festgestellten Prozentsätze der Verringerung der Wärmeabgabe unbedenklich für die gleichen Verkleidungen von Warmwasserheizkörpern angenommen werden können.

E. Vergleichsversuche an verschiedenen Modellen.

Alle bisher erwähnten Versuche an zweisäuligen Radiatoren waren an dem Einheitsmodell Deutschland, alle Untersuchungen an dreisäuligen Heizkörpern an einem Lollarmodell Nr. 11 durchgeführt worden. Um festzustellen, ob die so erhaltenen Ergebnisse auch unter Verwendung anderer Radiatoren Geltung haben, wurden mehrere Vergleichsversuche (Dampf) durchgeführt und hierzu benutzt:

1 Radiator 1280^{III} des Eisenwerkes Hilden[1]), (k = 7,0, Vers.-Nr. = 161).

1 Radiator 650^{III} der Fa. Gebr. Körting A.-G. (k = 7,6, Vers.-Nr. = 162).

––––––––––
[1]) Altes Modell.

In nachstehender Zusammenstellung ist unter Berücksichtigung aller in Betracht zu ziehender Verhältnisse versucht worden für zwei- und dreisäulige Radiatoren verschiedener Höhe annehmbare Werte der Zirkulationsquerschnitte und der bei ihrer Anwendung auftretenden Verminderung der Wärmeleistung anzugeben.

Es sei bemerkt, daß die Zusammenstellung auf den ersten Blick manchen scheinbaren Widerspruch enthalten mag. Diese Tatsache aber beweist nur, daß man den Einfluß der verschiedenen Verhältnisse: Luftgeschwindigkeits- und Temperaturverteilung der Luft, Widerstand der Luftbewegung, Beeinflussung des Transmissionskoeffizienten durch die veränderte Luftgeschwindigkeit, Wirkung von Wärmeleitung und Strahlung nicht auf Grund oberflächlicher Betrachtungen ermitteln, sondern die Lösung dieser schwierigen Fragen nur durch Versuche herbeiführen kann. Da fast alle durchgeführten Versuchsergebnisse Mittelwerte aus zwei gleichartigen Versuchen sind, so enthält die Zusammenstellung das Ergebnis von fast 350 Versuchen, die in dem Zeitraum eines Jahres durchgeführt wurden.

Zahlentafel 36.

Versuchs-Nr.	85	163	103	164	64	165	92	166
Radiatoren	Lollar 1270^{III}	Hilden 1280^{III}	Lollar 1270^{III}	Hilden 1280^{III}	Lollar 650^{III}	Körting 650^{III}	Lollar 650^{III}	Körting 650^{III}
Art der Verkleidung	nach Fig. 15, q = 44% ohne Leitblech, Schlitzhöhe a = 150 mm		nach Fig. 19, Kettenabst. 15 mm, Bodenabst. 40 mm ohne Leitblech		nach Fig. 14 q = 44% für den Luftaustritt Schlitzhöhe a = 100 mm frei		nach Fig. 17 q = 55% ohne Leitblech	
p in % . .	— 25,0	— 25,1	— 16,0	— 14,7	— 11,5	— 11,0	— 19,7	— 20,0

Es bedeutet:

H die ganze Höhe des Heizkörpers mit Fuß in mm,

k die Wärmedurchgangszahl, (Transmissionskoeffizient) der unverkleidet in 60 mm von der Wand aufgestellten Heizkörper in WE/qm, 1⁰ C, 1 st.

p die prozentuale Verminderung der Wärmeleistung bezogen auf den Wert k.

Die angegebenen Werte von p gelten sowohl für Dampf- wie auch Warmwasserheizkörper normaler Fußhöhe und soweit nichts näheres angegeben ist für zwei- und dreisäulige Radiatoren.

Die verwendeten Bleche hatten zwischen 40 und 60% freien Querschnitt und beliebige Form der Einzelöffnungen.

Alle Maße sind in Millimetern gegeben.

1. Wärmedurchgangszahlen der unverkleidet, in 60 mm von der Wand untersuchten, glatten Lollarradiatoren.

Die Dampfspannung betrug rd. 1,05 Atm. abs.; die Temperatur des zuströmenden Wassers rd. 80, die des abströmenden rd. 60, die Raumtemperatur im Mittel 20⁰ C.

Radiatoren	1250II	620II	1270III	650III
k { Dampf . . .	7,9	8,5	6,7	7,3
Warmwasser .	6,3	7,0	6,0	6,2

2. Lateibretter nach Fig. 12.

Das Brett schneidet mit der Vorderkante des Heizkörpers ab oder übergreift sie um ein geringes. Entfernung der Heizkörper von der Rückwand 60 mm.

α) $H = 1280$ bis 1050; Abstand des Lateibrettes von Heizkörperoberkante a:

$a = $ unter 20; $\qquad p = -10\%$.
$a = 40-80$; $\qquad p = -5\%$.
$a = 100-120$; $\qquad p = 0\%$.

β) H unter 1050; Abstand des Lateibrettes von Heizkörperoberkante a:

a unter 40; $\qquad p = -10\%$.
$a = 60-120$; $\qquad p = -5\%$.

Der Einfluß von Luftleitblechen kann vernachlässigt werden. Für Lateibretter in der Grundrißform[1]) des Heizkörpers durchbrochen und vergittert $p = 0\%$.

3. Offene Nischen nach Fig. 13.

Entfernung der Heizkörper von der Rückwand 60 mm; hohe und niedrige Heizkörper. Abstand der Abdeckung von der Heizkörperoberkante.

a unter 50; $\qquad p = -12\%$.
$a = 60-80$; $\qquad p = -8\%$.
$a = 90-120$; $\qquad p = -5\%$.

Der Einfluß der Seitenabstände ist zu vernachlässigen.

4. Verkleidungen mit Lufteintritt in der Vorderwand und Luftaustritt in der Abdeckung nach Fig. 14.

Luftaustritt in der Form des Heizkörpergrundrisses[1]) vergittert. Entfernung der Heizkörper von der Rück- und Vorderwand je 60 mm.

A. Zweisäulige Radiatoren.

a) Lufteintritt unvergittert
α) $H = 1250$ bis 1050; Schlitzhöhe $a = 100$; $p = -10\%$.
β) H unter 1050; Schlitzhöhe $a = 125$; $p = -10\%$.

[1]) Ist z. B. der Heizkörper 800 mm breit und 220 mm tief, so muß die Durchbrechung eine lichte Öffnung von 800 × 220 mm/mm erhalten.

b) Lufteintritt vergittert.

α) $H = 1250$; Schlitzhöhe $a = 200$; $p = -10\%$.
β) $H = 1150$; Schlitzhöhe $a = 225$; $p = -15\%$.
γ) $H = 1050$; Schlitzhöhe $a = \begin{cases} 225 \\ 250 \end{cases}$; $p = \begin{cases} -15\% \\ -10\% \end{cases}$.
δ) H unter 1050. Schlitzhöhe $a = 225$; $p = -20\%$.

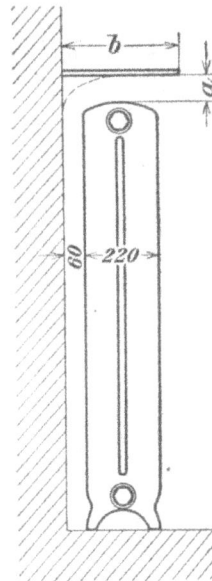 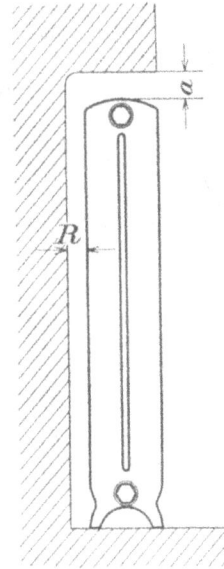

Fig. 12.   Fig. 13.

B. Dreisäulige Radiatoren.

a) Lufteintritt unvergittert
Für alle Höhen $a = 125$; $p = -10\%$.

b) Lufteintritt vergittert
α) $H = 1250$ bis 1050; $a = 225$; $p = -15\%$.
β) $H = 880$ $a = \begin{cases} 225 \\ 250 \end{cases}$; $p = \begin{cases} -15\% \\ -10\% \end{cases}$.
γ) H unter 880; Schlitzhöhe $a = 225$; $p = -20\%$.

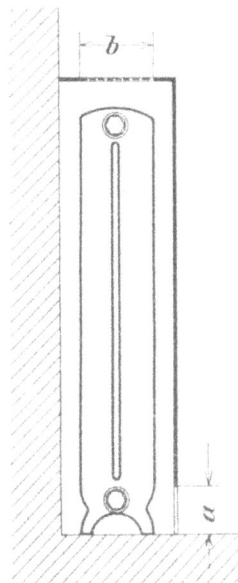 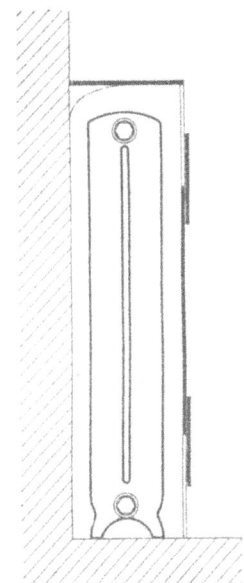

Fig. 14.   Fig. 15.

5. Verkleidungen mit Luftein- und austritt in der Vorderwand nach Fig. 15.[1])

Entfernung der geschlossenen Abdeckung von der Heizkörperoberkante 60 mm, Abstand des Heizkörpers von der Vor- und Rückwand je 60 mm.

[1]) Die Schieber deuten schematisch die veränderliche Schlitzhöhe an.

A. Zweisäulige Radiatoren.

a) Luftein- und austritt unvergittert

Für alle Höhen; obere und untere Schlitzhöhe $a = 130$; $p = -20\%$.

b) Luftein- und austritt vergittert

α) $H = 1250$; obere und untere Schlitzhöhe $a = 200$; $p = -20\%$,

β) $H = 1050$; obere und untere Schlitzhöhe $a = 225$; $p = -20\%$,

γ) H unter 1050; Verkleidung entfällt.

B. Dreisäulige Radiatoren.

a) Luftein- und austritt unvergittert

α) $H = 1270$ bis 880; obere und untere Schlitzhöhe $a = 130$; $p = -20\%$,

β) H unter 880; obere und untere Schlitzhöhe $a = 130$; $p = -10\%$.

b) Luftein- und austritt vergittert

α) $H = 1270$ bis 880; obere und untere Schlitzhöhe $a = 225$; $p = -20\%$,

β) H unter 880; Verkleidung entfällt.

Die Verkleidungen mit vergittertem Luftein- und austritt in der Vorderwand ergeben derartig ungünstige Formen und so bedeutende Verschlechterungen der Wärmeleistung, daß von ihrer Ausführung überhaupt abzusehen wäre.

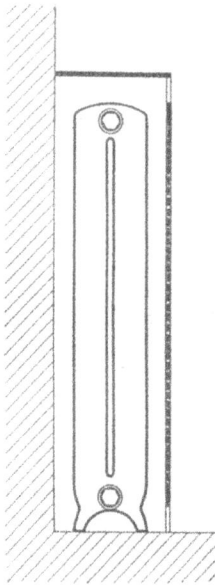

Fig 16.

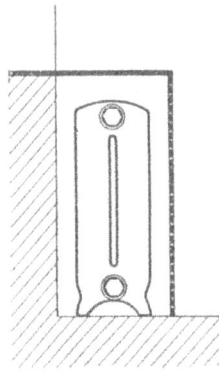

Fig. 17.

6. Verkleidungen mit Vorderwand aus perforiertem Blech nach Fig. 16 und 17.

Entfernung der geschlossenen Abdeckung von Heizkörperoberkante 60 mm, Entfernung des Heizkörpers von Vor- und Rückwand je 60 mm. Hohe Heizkörper mit schmalem freien Luftein- und austritt nach Fig. 16, niedrige Heizkörper mit voller Blechwand nach Fig. 17.

$$p = -20\%.$$

Leibleche verbessern um 5, vergitterter Luftaustritt (von der Form des Heizkörpergrundrisses) in der Abdeckung um 10%.

7. Gehänge nach Fig. 18 und 19.

Entfernung der geschlossenen Abdeckung von der Heizkörperoberkante 60 mm, Entfernung des Heizkörpers vom Gehänge und von der Rückwand je 60 mm, Abstand des Ge-

hänges vom Boden 50 bis 100 mm, Abstand der einzelnen Ketten voneinander 15 mm.

$H = 1250$ bis 1050; $p = -15\%$.

$H = 1050$ bis 750; $p = -20\%$.

H unter 750; Verkleidung entfällt. Leitbleche verbessern um 5, vergitterter Luftaustritt (von der Form des Heizkörpergrundrisses) in der Abdeckung um 10%. Einfluß des Materials der Ketten ist zu vernachlässigen.

Fig. 18.

Fig. 19.

8. Verkleidungen von Radiatoren in Fensternischen mit zwangläufiger Führung der Luft nach Fig. 23.

α) Entfernung des Heizkörpers von der Rückwand 200, (Nischentiefe 480), $p = -10\%$.

β) Entfernung des Heizkörpers von der Rückwand 150 (Nischentiefe 430), $p = -15\%$.

γ) Entfernung des Heizkörpers von der Rückwand 120 (Nischentiefe 400), $p = -20\%$.

Zahlentafel 37.

Versuchs-Nr.	167	168	169	170	171	172	173	174	175	176
Radiator	glatt 1050[II]					glatt 880[III]				
Art der Verkleidung	unverkleidet, 60 mm vor der Wand $k = 8{,}05$	nach Fig. 14, Luftaustritt vergittert, $q = 44\%$ Lufteintritt frei	vergittert, $q = 44\%$	nach Fig. 15 Luftein- und austritt frei	vergittert, $q = 44\%$	unverkleidet, 60 mm vor der Wand $k = 7{,}33$	nach Fig. 14 Luftaustritt vergittert, $q = 44\%$ Lufteintritt frei	vergittert, $q = 44\%$	nach Fig. 15 Luftein- und austritt frei	vergittert, $q = 44\%$
Schlitzhöhen mm		100	250	130	225		125	250	130	225
p in % beobachtet		— 11,4	— 10,3	— 17,8	— 19,3		— 9,0	— 10,0	— 18,7	— 22,0
p in % aus der Zusammenstellung		— 10	— 10	— 20	— 20		— 10	— 10	— 20	— 20

Den Angaben ist eine Genauigkeit von ± 2% beizumessen, derart, daß z. B. statt einer angegebenen Verminderung der

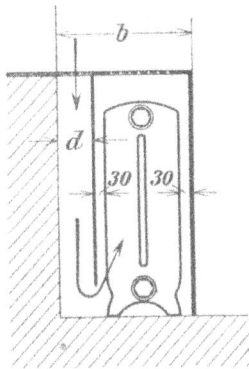

Fig. 23.

Wärmeabgabe von $p = 10\%$, im äußersten Falle eine solche vom 8 bzw. 12% auftritt.

Da die in der Zusammenstellung enthaltenen Werte für mittelhohe Heizkörper durch Interpolation gefunden sind, wurden die nachstehenden, in Zahlentafel 37 ausgeführten Kontrollversuche, durchgeführt.

G. Kontrollversuche.

Die Kontrollversuche bestätigen innerhalb der angegebenen Genauigkeitsgrenzen die in der Zusammenstellung angegebenen Werte.

Vielleicht führen die hier veröffentlichten Versuche- und das wäre die beste Art ihrer Verwendung — dazu, Heizkörperverkleidungen, die nicht nur unhygienisch, sondern auch im höchsten Maße unwirtschaftlich sind, überhaupt zu vermeiden.

Inhaltsverzeichnis.